ALLA TIDERS
DINOSAURIER

其实你每天都会见到恐龙

JOHAN EGERKRANS

〔瑞典〕约翰·伊格克朗茨 绘著

王梦达 译

人民文学出版社
PEOPLE'S LITERATURE PUBLISHING HOUSE

什么是恐龙？

　　可能你自己都没意识到，其实你每天都会见到恐龙。啄食薯条的喜鹊、站在喂鸟器上的大山雀，还有在沙滩上排便的加拿大黑雁，它们都是恐龙。这怎么可能呢？恐龙不是已经灭绝的大怪兽吗？

　　恐龙的定义可不是这么简单。有些恐龙的确是庞然大物，比如巨龙类可能高达40米，重达80吨！不过并非所有的恐龙都拥有这样惊人的体格。小驰龙，一种来自蒙古国的阿瓦拉慈龙类恐龙，就不比乌鸫大多少。

在恐龙生活的年代，它们的足迹遍布各个大陆，恐龙因此逐渐适应在各种环境中生存。有些生活在丛林中，有些生活在沙漠里，还有些生活在冰天雪地之中。恐龙多种多样，其中不乏外形奇特的类型。一些恐龙就像一辆突突前进的小坦克，还有的尾巴和流星锤差不多。许多恐龙的头部都长有角、冠饰或其他突起物。研究表明，相当一部分恐龙全身被羽毛、羽绒或类似皮毛的组织所覆盖，而且数量远比生物学家以为的要多。一些长有羽毛的小型恐龙拥有了翅膀，并且学会了飞行。今天我们所见到的所有鸟类，都是由它们演化而来的。

鸟类其实就是恐龙，这无异于一个重要的发现。鸟类不仅是恐龙的后裔，并且属于恐龙庞大族谱中的一个分支。因此，恐龙不应被视为已灭绝的物种，它们至今仍在自然界占据着主导地位。如今地球上2.5万至3万种陆生脊椎动物（两栖动物、爬行动物、哺乳动物和鸟类）中，鸟类就有1万种之多。

恐龙的起源

恐龙这个词的本义是"可怕的蜥蜴"。但是恐龙不属于蜥蜴的亲缘物种，而是一种名为主龙类的爬行动物。主龙类在希腊文里的意思是"占据优势地位的蜥蜴"。主龙类唯一幸存至今的是鳄类和鸟类。但其中不乏大量已经灭绝的生物。比如镶嵌踝类，包括鳄类及其近亲；还有翼龙类——在恐龙生活的时代，翼龙类在空中占据绝对的主导地位。当然或多或少还有很多类似恐龙的物种。

恐龙的演化发生于三叠纪中期，距今约2.3亿年。人们最早发现的恐龙类型是小型的肉食性动物，但没人知道第一只原始恐龙确切的模样。恐龙可分为两大类：

鸟臀目——鸟臀类植食性恐龙。它们有鸟一样的喙，通常依靠四足行走（虽然其中很多为两足动物）。

蜥臀目——蜥臀类恐龙。蜥臀类恐龙又分为蜥脚类和兽脚类两种。蜥脚类是植食性恐龙，它们长着长长的脖子，体形硕大。兽脚类多为肉食性恐龙。蜥臀类中，不仅有霸王龙和异特龙这样的猛兽，也包括我们熟悉的鸟类。

三叠纪炎热干燥的气候非常适宜恐龙生存。三叠纪晚期发生了大规模的灭绝事件，和恐龙形成竞争关系的镶嵌踝类和下孔类（似哺乳类爬行动物）中，很多生物彻底消失。这意味着，恐龙得以在各个方面蓬勃发展。在接下来的1.5亿年里，恐龙成为陆地上当之无愧的主宰。

哪些动物不属于恐龙？

翼龙类

1.5亿年前，地球上还没有鸟类。在天空中占统治地位的是翼龙类——又被称为"会飞的蜥蜴"。翼龙类是主龙类中与恐龙最具亲缘关系的物种，但这并不意味着它们就是恐龙。事实上，翼龙类是完全独立的一类，不同于任何生物。它们没有羽毛，翅膀由坚硬的皮膜构成，依靠一根极长的手指得以拉伸延展。对于一些翼龙来说，两端翼尖之间的长度甚至可以达到十多米，它们是有史以来体形最大的飞行动物。

镶嵌踝类

三叠纪早期，恐龙始终生活在其他主龙类生物的阴影之下。其中许多和今天的鳄鱼都有亲缘关系，这些"鳄鱼形态的主龙类生物"统称为镶嵌踝类。镶嵌踝类又分为好几种：波波龙看起来就像鳄鱼和巨蜥糅杂而成的两足动物；芙蓉龙身形庞大，嘴部呈喙状，背部长有帆状物。坚蜥类是另一种奇特的植食性动物，它们拥有厚重的骨板和类似猪的口鼻部。最庞大也最危险的莫过于波斯特鳄这样的劳氏鳄类了。它们是一种可怕的肉食性动物，身长可达8米。它们的嘴部很大，里面长满了锯齿状边缘的锋利牙齿，可以说，三叠纪时期的波斯特鳄，相当于白垩纪时期的霸王龙。

下孔类

拥有独特背帆的异齿龙是许多人所熟悉的一种肉食性古生物，它们也常常被误认为恐龙。事实上，异齿龙属于截然不同的另一类群——下孔类。在三叠纪之前的二叠纪时期，异齿龙是陆地上的顶级掠食动物。下孔类中的很多动物都渐渐灭绝了，但一种被称为犬齿兽类的毛茸茸的小型动物得以幸存下来，并逐渐演化为哺乳动物。事实上，相比于恐龙，异齿龙和现代哺乳动物（包括你我在内）更具有亲缘关系。

蛇颈龙类
（及其他海洋爬行动物）

恐龙统治陆地长达数百万年之久，当它们演化为鸟类后，自然而然地成为天空中的主导者。然而，由于恐龙从未在水下活动过，其他的动物族群于是填补了这一空白。在海洋、河流和湖泊中，充满了各种各样的水生爬行动物，比如形似海豚的鱼龙类、具有强壮颌部的沧龙类，以及体形硕大的海龟类。下图中的丝莱龙就是蛇颈龙类的一种。蛇颈龙类有时也被称为"天鹅蜥蜴"，其中许多拥有长长的脖颈，以吃鱼为生，但也不乏体形有如鲸鱼般庞大的短颈品种。大型的蛇颈龙类会捕食其他海洋爬行动物。

三叠纪

距今2.52亿年—2.01亿年

三叠纪时期的地球与今天的地球截然不同。所有大洲彼此连成一片，形成一块延伸至两极的巨大陆地——泛大陆。泛大陆呈新月形，周围被泛大洋所环绕。同时，泛大陆将圆形的特提斯海包裹其中。

三叠纪时期的气候干燥而炎热。由于雨云无法深入内陆腹地，大片沙漠因此曼延开来。而在潮湿的地区，则生长着大片的森林。它们由松柏、苏铁、木贼和羊齿植物组成。由于过于炎热，地球两极并没有形成冰盖，因此海平面比今天要高得多。

图示（从左至右）：龙鳄，肉食性主龙类。奥地利翼龙，翼龙类。布拉塞龙，下孔类。坚蜥，坚蜥类。板龙，早期恐龙。

三叠纪时期的地球

三叠纪之前的二叠纪晚期，发生了地球历史上最大规模的灭绝。超过90%的物种就此消失，包括绝大多数的下孔类——这种类似哺乳动物的爬行动物曾是陆地的主宰。下孔类的统治地位很快被其他生物所取代。早期的翼龙类开始在空中飞翔。包括鳄类在内的镶嵌踝类渐渐在陆地上蔓延开来。湖泊等水域中开始出现大型的肉食性两栖动物。最早的恐龙出现于2.3亿年前的三叠纪晚期。它们一开始还很小，但很快越变越大，并且演化出植食性动物和肉食性动物。它们出现后不久，地球上有了第一批真正的哺乳动物。

阿希利龙

ASILISAURUS

属名含义：祖先蜥蜴　**模式种：**古老阿希利龙

生活年代：三叠纪中期，距今2.45亿年　**分布区域：**坦桑尼亚

身长： 1-3米　　**体重：** 10-30千克

阿希利龙是一种植食性动物，脖子长而窄，四肢纤细骨感。它们的个头差异很大，因此在同一族群里，一些成年的阿希利龙可能身长达3米，而另一些的身长只有1米左右。阿希利龙其实并非真正的恐龙，而属于西里龙类——一种恐龙祖先的近亲。可以说，西里龙类和恐龙之间的亲缘关系近似于人类和黑猩猩之间的关系。

科学家于2010年发现了阿希利龙的存在。在此之前，人们一直认为第一批恐龙由两足肉食性动物演化而来。但植食性（至少是杂食性）、四足行走的阿希利龙表明，事实或许和人们想象中截然不同。

恐龙从最早出现，直到成为我们概念中的庞然大物，其间经历了漫长的3000万年。这是因为，当时占统治地位的是鳄类早期的亲缘物种，镶嵌踝类。早期的恐龙体格较小，完全无法和这些大块头竞争。不过三叠纪晚期，许多镶嵌踝类陆续灭绝，只有鳄类存活了下来，恐龙于是开始成为这片土地的霸主。

埃雷拉龙

HERRERASAURUS

属名含义： 埃雷拉的蜥蜴　**模式种：** 伊斯基瓜拉斯托埃雷拉龙

生活年代： 三叠纪晚期，距今2.28亿年　**分布区域：** 阿根廷

身长：6米 **体重：**350千克

　　最早演化出的恐龙是一种个头矮小、生性害羞的生物。它们外貌奇特，主要以昆虫和其他小动物为食。埃雷拉龙则恰恰相反。它们更像是一个强有力的捕食者，小昆虫根本无法满足它的胃口。埃雷拉龙身长接近6米，头骨呈矩形，约半米长，下颌长满锯齿状的尖利牙齿，爪子锋利，这些特征使它们成为凶猛的肉食性动物。

　　埃雷拉龙属于最早的肉食性恐龙——兽脚类（至少也是它们的亲缘物种）。它们也是科学家所发现最古老的真正意义上的恐龙之一。和后来的兽脚类一样，埃雷拉龙也用双足行走。但和后期的肉食性恐龙不同的是，埃雷拉龙的足部仍保留五只脚趾，前爪仍保留五根手指，尽管其中两根已经退化成小的肉瘤。埃雷拉龙以捕猎中小型植食性动物为食，其中不仅有植食性恐龙，还包括犬齿兽类——一种类似哺乳动物的爬行动物。

板龙

PLATEOSAURUS

属名含义：宽的蜥蜴　**模式种：**恩氏板龙

生活年代：三叠纪晚期，距今2.1亿年

分布区域：欧洲（包括瑞士、德国、法国、瑞典、挪威和格林兰）

身长： 5-10米　**体重：** 0.6-4吨

蜥脚类恐龙是有史以来生活在陆地上最为庞大的动物。它们由一群名为蜥脚类的体格较小的恐龙演化而来。最早的蜥脚类（比如始盗龙）和后来真正的蜥脚类恐龙有着很大的区别。始盗龙身长1.5米，是一种两足肉食性动物，偶尔也靠树叶和树根补充营养。随着时间推移，蜥脚类摄取的植物种类越来越多样化，它们的体形也越来越巨大。到了三叠纪晚期时，它们已经长成庞然大物，足迹遍布整个地球。

板龙是最早期的大型物种之一，也是三叠纪晚期欧洲最常见的恐龙。它们的分布范围极其广泛，其中就包括瑞典。科学家曾在斯科讷省发现了疑似板龙留下的恐龙足迹化石。板龙是一种植食性动物，尾巴长而有力，脖子长，脑袋小，它们在侏罗纪和白垩纪的后代仍然保留了这些特征。不同于四足行走的蜥脚类恐龙，板龙仍然依靠两足行走和奔跑。从这点上来说，它们更接近于始盗龙。板龙的前肢十分短小，前爪各有五根手指，其中三根演化成结实弯曲的爪子。这些爪子可以帮助板龙在进食时牢牢抓住树枝，也可以成为防御的利器。很多迹象表明，板龙采取群居生活的方式，从而保护自己免受肉食性动物的伤害。

腔骨龙
COELOPHYSIS

属名含义： 空心的身体形态　**模式种：** 鲍氏腔骨龙

生活年代： 三叠纪晚期，距今2.1亿年　**分布区域：** 美国

身长：3米　**体重：**20千克

腔骨龙由埃雷拉龙演化而来，仍属于早期的肉食性恐龙。它们体形小而轻盈，拥有纤长的后肢，长尾巴和长脖子。嘴里长满了小而锋利的牙齿。它们的目光和猛禽一般敏锐，能够精准地猎杀蜥蜴及其他小动物。

腔骨龙的名称意为"空心的身体形态"，这是因为腔骨龙的四肢骨头和鸟类一样，呈现中空的形态。腔骨龙的前肢各有四根手指，这是早期恐龙的典型特征。到了侏罗纪和白垩纪期间，和它们拥有亲缘关系的肉食性恐龙只剩下三类，其中包括暴龙类。

一般来说，一种恐龙只会留下一两具不完整的骨架，有时甚至只有骨头的若干碎片。科学家不得不依靠猜测和想象，才能描绘出恐龙生前的模样。腔骨龙的特别之处在于，科学家发现了许多完整的骨骼化石。由于数百具骨架都被掩埋在同一个地方，科学家因此推测，腔骨龙是一种群居的社会性动物。或许它们成群结队地出动狩猎，以捕获更大的猎物。针对骨骼化石的研究表明，雄性和雌性的腔骨龙体形完全不同。雄性和雌性动物在身体形态上表现出明显差异的现象，在生物学上被称为"性别二态性"。一个典型的例子是现在的鸟类——相比于雌鸟，雄鸟的体形通常更大，颜色也更为鲜艳。

侏罗纪

距今2.01亿年—1.45亿年

    侏罗纪是巨人的时代。翼龙类展开长达数米的翼翅，在空中自由飞翔。陆地上到处都是恐龙，其中一些蜥脚类恐龙演化成为有史以来体形最为庞大的陆生动物。肉食性动物占据了较大的比例，而植食性动物则遭到了来自多方的猎杀，包括身长10米的异特龙类、巨齿龙类和角鼻龙类。属于手盗龙类的一小部分肉食性恐龙长有羽毛，逐渐演化出翅膀，成为最早的鸟类。

    侏罗纪时期，泛大陆开始分裂，漂移成南北两大块，北块叫劳亚古

图示（从左至右）：肉食性恐龙角鼻龙及其幼崽、蜻蜓、对齿兽类——一种早期哺乳动物，以及巨大的蜥脚类恐龙迷惑龙。

侏罗纪时的地球

陆，南块叫冈瓦纳古陆。侏罗纪时期的气候炎热潮湿，植被生长茂盛。巨大的森林仿佛一块郁郁葱葱的绿毯，覆盖了整个大陆，其中充满了蕨类植物、银杏和松柏。昆虫开始为种子植物进行授粉，长有皮毛的小型哺乳动物数量激增，昆虫也成为它们的猎物。

海洋中生活着鱼龙类、蛇颈龙类和其他海洋爬行动物。其中一些的体形堪比陆地上的巨型恐龙。海洋生物中，最常见的是一种被称为菊石的带壳软体动物。

畸齿龙

HETERODONTOSAURUS

属名含义：有不同牙齿的蜥蜴　**模式种：**塔克畸齿龙

地质年底：侏罗纪早期，距今2亿年　**分布区域：**南非

身长：1.5米　**体重：**8千克

　　畸齿龙是一种两足的小型植食性动物，它们的尾巴很长，后肢细长，前肢结实而发达。头部呈三角形，颌部外缘是一张小小的喙。喙的后面依次是一排门齿，一对犬齿，以及下颌部凿子般的颊齿。这种复杂的牙齿结构也是畸齿龙名称的由来——意思是拥有不同牙齿的蜥蜴。科学家目前尚不能确定，畸齿龙应该属于单纯的植食性动物还是杂食性动物。犬牙和长有钝爪的前肢表明，畸齿龙会时不时捕猎一两只小动物。

　　畸齿龙是植食性恐龙鸟臀类最早的成员之一。鸭嘴龙类、甲龙类、剑龙类和角龙类的祖先都具有体形较小、两足行走的特征，因此让人很容易联想到畸齿龙。来自中国的近亲天宇龙，身体的某些区域仍由硬毛组成的皮毛所覆盖，科学家因此推测，畸齿龙也拥有类似的皮毛结构。

冰脊龙

CRYOLOPHOSAURUS

属名含义：冰冻的头冠装饰　　**模式种：**艾氏冰脊龙

生活年代：侏罗纪早期，距今1.9亿年　　**分布区域：**南极洲

身长：6.5米　**体重：**450千克

1.9亿年前，非洲、南美洲、印度、澳洲和南极洲都坐落在广袤的冈瓦纳古陆之上。冈瓦纳古陆的范围从赤道以北一直延伸到南极。那时的气候比今天要温暖得多，因此南极洲并没有被厚厚的冰层所覆盖，而是长满了大片的雨林。不过，即便如此，南极洲在冬季依然可能遭遇寒流，极地丛林会变得白雪皑皑。因此，生活在这里的动物必须适应季节性的恶劣气候。

冰脊龙是南极丛林中最庞大的肉食性动物，也是侏罗纪早期最有名的肉食性恐龙。冰脊龙的身体结构和其他大型兽脚类恐龙非常相似：两足行走，头部较大，牙齿呈锯齿状，前肢拥有锋利的爪子，一根长而坚硬的尾巴平衡了躯干的重量。不过由于造型奇特的贝壳状头冠，冰脊龙很容易和同类恐龙区别开来。其他一些肉食性恐龙（比如我们之后会介绍到的冠龙）虽然也有头冠，但它们的头冠都是沿头颅骨纵向长出的。冰脊龙的头冠则垂直于头颅骨横向长出，位于两眼之间，穿过整个额头。在正式冠名之前，科学家将冰脊龙称为"猫王龙"，因为它们的头冠像极了猫王埃尔维斯·普雷斯利高耸的发型。

冰脊龙所捕食的猎物通常体形较小，但也有例外，比如板龙在南极洲的近亲，意为"冰河蜥蜴"的冰河龙。

奇翼龙

YI (QI)

属名含义：奇特的翅膀　**模式种**：奇翼龙

生活年代：侏罗纪晚期，距今1.6亿年　**分布区域**：中国

身长： 30厘米　**体重：** 0.5千克

2015年首次发现奇翼龙时，科学家简直不敢相信自己的眼睛。这么多年以来，人们描绘出了各种各样奇形怪状的恐龙，可谁都想象不到，这种恐龙竟然会拥有蝙蝠一样的翅膀！

奇翼龙全身长有羽毛，大小和一只鸽子差不多，属于擅攀鸟龙类。擅攀鸟龙类不仅名字拗口，也不尽符合大众对恐龙的普遍认知，它们和始祖鸟类以及伶盗龙类的关系更近，和暴龙类的关系较远。擅攀鸟类龙体形很小，模样奇特：它们有着短尾巴、突出的门齿，以及显著延长的第三根手指——具体用途不得而知。不过奇翼龙拥有与蝙蝠和鼯鼠类似的翼膜，所以长长的手指和腕部的棒状长骨结构可以起到支撑作用。有了这对奇特的翅膀，奇翼龙可以在茂密森林间自由飞行和滑翔，捕食昆虫。

奇翼龙的发现引起了科学家极大的关注和兴趣。它表明，早期鸟类及其亲缘物种曾尝试过各种不同的翼翅，才演化出今天我们所见到的覆盖羽毛的翅膀。

异特龙

ALLOSAURUS

属名含义：与众不同的蜥蜴　**模式种：**脆弱异特龙

生活年代：侏罗纪晚期，距今1.5亿年　**分布区域：**美国和葡萄牙

身长： 9米　**体重：** 2-5吨

异特龙和霸王龙、伶盗龙、剑龙、三角龙一样，属于恐龙中的明星。科学家早在1877年就发现了异特龙，之后又陆续发掘出许多具完整的骨架，这也是它们声名大噪的原因之一。

异特龙是一种大型肉食性动物，大多数身长在9米左右，但有一些甚至会长达12米。虽然体形庞大，但异特龙的行动速度很快，动作灵活敏捷。就身体结构而言，异特龙可谓"武装到牙齿"。相比于其他肉食性恐龙，异特龙的前肢长而粗壮，三根手指末端都长有利爪。颌部生有六十多颗锯齿状的牙齿。虽然头部很大，但异特龙并不具备强大的咬合力。科学家推测，它们可能会像挥舞锄头或斧头一样张合颌骨，然后迅速将头往回拉，从活生生的猎物身上撕咬下大块的肉。如果某颗牙齿脱落或断裂（考虑到异特龙的狩猎方式，这种情况时有发生），一颗新牙齿会很快长出来填补这一空缺。

异特龙所属的异特龙类，包括了许多有史以来最可怕的肉食性恐龙。就体形而言，鲨齿龙和南方巨兽龙都比霸王龙要硕大得多。

马门溪龙

MAMENCHISAURUS

属名含义：马门溪的蜥蜴　**模式种：**建设马门溪龙

生活年代：侏罗纪晚期，距今1.5亿年　**分布区域：**中国

　　如我们所见，蜥脚类恐龙（意为"有蜥蜴一样的脚"）是从板龙一类的动物演化而来的。随着时间的流逝，它们的体形越来越大，也开始逐渐适应作为巨人的生活。它们不再依赖两足行走，而改为四足行走，以便能够更轻松地负担身体的重量，这样一来，它们的身材变得越发庞大。后肢变成两根粗壮笔直的圆柱，前爪演化成蹄状的构造。两只后足长出柔软的脚垫，就好像大象的脚掌一样。随着蜥脚类恐龙体重的不断

增加，这些身体形态的变化也应运而生。它们的头比原来小了许多，脖子却变长了不少。一些蜥脚类恐龙伸长脖子，获取树顶上的枝叶，还有一些则在地上啃食青草。

马门溪龙生活在中国，是蜥脚类下的一种。就算在蜥脚类恐龙里，它们的脖子也算是非常长的，几乎占到了身长的一半。其中一些（比如中加马门溪龙）从鼻子到尾尖的距离长达35米，这意味着它们的脖子有17米长！而长颈鹿的脖子只有2.5米长——你不妨比较一下。蜥脚类下的一些恐龙（包括马门溪龙在内）在尾巴末端长有一个骨锤。尾锤的作用至今尚未明确，不过科学家猜测，它可能是某种防御武器。

身长：35米
体重：75吨

剑龙
STEGOSAURUS

属名含义： 屋顶蜥蜴　**模式种：** 狭脸剑龙

生活年代： 侏罗纪晚期，距今1.5亿年　**分布区域：** 美国和葡萄牙

身长：9米　**体重：**3吨

　　剑龙以其巨大的三角形背板成为最出名的恐龙之一。所有装甲类植食性恐龙统称剑龙类，而剑龙是其中尤为突出的一种。一方面，它们的体形比其他亲缘物种要大得多，另一方面，它们的背板似乎并未起到防御的作用，这一特征明显有别于剑龙类里的其他恐龙，比如钉状龙和巨刺龙，它们的背部长有尖刺或棘刺，能够进行有效的攻击和防御。

　　科学家推测，剑龙会利用自己的背板吸引同类，同时威胁敌人。不过对于当时的肉食性动物来说，剑龙虽然缺乏装甲，却并不容易被猎捕。剑龙尾巴的末端长有四根1米多长的尖刺，甩动起来就像流星锤一样具有极大杀伤力，对攻击者造成严重伤害。科学家在发掘出的异特龙骨骼上，就发现了这种尖刺造成的损伤痕迹。因此，在攻击一只成年剑龙之前，肉食性动物必须三思而行。

　　剑龙一定不是有史以来最聪明的恐龙。尽管体形和一头印度象一样庞大，可它们的大脑的体积还不如一头拉布拉多犬的大。当然，身为一只植食性动物，剑龙显然并不需要太多的思考就可以优哉游哉地安稳度日。

冠龙

GUANLONG

属名含义：带有头冠的龙　**模式种：**冠龙

生活年代：侏罗纪晚期，距今1.6亿年　**分布区域：**中国

身长：3米　**体重：**75千克

　　冠龙和大名鼎鼎的霸王龙具有亲缘关系，只不过早出现了9200万年。不同于体形庞大的霸王龙，冠龙小巧灵活，在侏罗纪时期广袤的亚洲丛林中四处奔跑，捕获猎物。科学家在中国还发现了另一种早期的暴龙类，并将其命名为帝龙。帝龙的化石清楚地表明，它们的身上长有原始的羽毛。由于帝龙和冠龙属于亲缘物种，因此科学家推测，冠龙应该也具备某种羽毛结构特征。冠龙的前爪各有三根手指，而后来的暴龙类则只有两根手指。

　　冠龙因其头部后梳式的骨质冠而得名。头冠非常薄（1.5毫米），和一张纸差不多，可以说极其脆弱。一旦发生争斗，头冠很可能发生破裂。科学家推测，冠龙的头冠应该属于装饰性特征，用来吸引伴侣或向同伴炫耀。也就是说，冠龙的脑袋上天生竖了一块广告牌。

白垩纪

距今1.45亿年—6600万年

白垩纪时期，随着劳亚古陆和冈瓦纳古陆的进一步分裂，现在的世界格局开始展露雏形。由于海平面比现在要高，各大洲的绝大部分区域都处于水下。温暖的浅海孕育出各种蓬勃的生命。大范围的珊瑚礁成为鱼类和软体动物的家园。这些鱼类和软体动物的天敌包括鲨类、蛇颈龙类、巨型海龟类和一些奇特的海鸟类——它们就像今天的企鹅一样，已经丧失了飞行的能力。

陆地上出现了第一批开花植物。白垩纪初期，开花植物还比较少见，但随着时间的流逝，它们迅速扩散开来，到了白垩纪晚期，它们已经成为陆地上最常见的植物。其中就包括睡莲和木兰。不过直到很久以后，有一种我们今天习以为常的植物才会出现，那就是草。

图示（从左至右）：吉祥鸟，一种早期鸟类。两只北票龙。植食性的镰刀龙，猎捕它的是暴龙类的羽暴龙。中国鸟龙，一种小型驰龙类。孔子鸟，一种早期鸟类。图中的所有动物都属兽脚类，相互之间具有亲缘关系。

白垩纪时期的地球

　　恐龙不断演化，种类数量和分布范围都在白垩纪达到顶峰。成群结队的禽龙类在大洲间迁移，长有羽毛的兽脚类恐龙以其独特的创造力，演化出动作敏捷、体形小巧的狩猎高手伶盗龙类，指爪结构奇特的镰刀龙类，拥有鸵鸟般外观的似鸟龙类，还有可怕的暴龙类。鸟类的演化大大加快。相当一部分有翅昆虫加入和翼龙类的竞争之中，并最终成为天空的主宰。尽管翼龙类的数量有所下降，但它们的体形在白垩纪时期前所未有地庞大。神龙翼龙类是有史以来最大型的飞行动物，翼展甚至超过12米。

　　距今6500万年的白垩纪晚期，所有的非鸟类恐龙突然灭绝。巨大的小行星撞击地球，摧毁了它们的生存环境，导致翼龙和统治海洋的水生爬行动物走向灭亡。

鹦鹉嘴龙

PSITTACOSAURUS

属名含义： 鹦鹉蜥蜴　**模式种：** 蒙古鹦鹉嘴龙

生活年代： 白垩纪早期，距今1.2亿年　**分布区域：** 蒙古国、中国和俄罗斯

身长： 2米　**体重：** 20 千克

鹦鹉嘴龙是一种两足行走的小型植食性恐龙，因喙部酷似鹦鹉嘴而得名。它们属于早期角龙类的一种，所谓角龙类，就是长有角和颈盾的恐龙。以赫赫有名的三角龙为例，虽然它们比一头大象还要大，却是鹦鹉嘴龙的近亲。许多大型恐龙一开始都是微不足道的小动物，随着时间的流逝，它们的体形越来越大，演化出越发宏伟的外观。

鹦鹉嘴龙拥有较为发达的大脑，据推测，它们的行动应该和现代鸟类一样敏捷。鹦鹉嘴龙生性活泼，善于交际，在孵化出幼崽后，会承担照顾抚育的责任。虽然角龙类是四足行走的动物，成年的鹦鹉嘴龙却像鸟类一样依靠后肢行走。科学家经过研究发现，鹦鹉嘴龙在发育过程中，前肢的生长速度比后肢要快，因此它们的幼崽很可能保持四足行走的习惯。但随着后肢变得强壮，它们会逐渐转变为直立姿态。

鹦鹉嘴龙的尾巴和下背部有鬃毛状的结构，让人联想起豪猪的棘刺。这些鬃毛的用途至今是个谜，不过科学家认为，它们应该具备一定的展示功能。

小盗龙

MICRORAPTOR

属名含义：小型盗贼　　**模式种：**赵氏小盗龙

生活年代：白垩纪早期，距今1.2亿年　　**分布地区：**中国

身长： 70厘米 **体重：** 1千克

小盗龙和最早的鸟类具有亲缘关系，都属于驰龙类。小盗龙和乌鸦差不多大，生活在中国的沼泽和湿地森林中。近些年来，中国一直是古生物学家心目中的一座金矿，早期鸟类和似鸟恐龙的大量化石保存完好，尤其令人惊叹。

小盗龙靠捕食蜥蜴和小型哺乳动物为生，而且善于飞行——这一点并不奇怪，因为它们有四只翅膀！小盗龙的前肢和后肢上各长有一对羽翼。它们的飞行技巧如何，又是如何利用四只翅膀在空中保持平衡的，这些问题至今仍没有确切答案。科学家做过很多实验，始终无法得出统一的结论。

大多数情况下，我们并不知道恐龙的颜色。一般来说，科学家发掘出的都是骨骼化石，因此无法判断恐龙生前的模样，只能靠猜测和想象进行描绘。但小盗龙的羽毛也得以保留了下来。通过对化学物质的分析，科学家确定，它们和喜鹊一样，拥有泛着蓝色荧光的黑色羽毛。

似鳄龙

SUCHOMIMUS

属名含义：鳄鱼模仿者　**模式种**：泰内雷似鳄龙

生活年代：白垩纪早期，距今1.15亿年　**分布地区**：尼日尔

身长： 10米　**体重：** 3吨

似鳄龙是一种体形庞大的肉食性动物，头部出奇狭长。大多数大型兽脚类恐龙的头骨都紧凑而坚固，而似鳄龙的头部就像被拉伸过一样，仿佛一条鳄鱼。它们也因此得名"鳄鱼模仿者"。

似鳄龙擅长捕食鱼类，因此，它们的头部形状才会如此特殊。对于肉食性恐龙而言，似鳄龙的前肢显得尤其地长，且肌肉发达，拇指上长有40厘米长的镰刀指爪。指爪的大小表明，似鳄龙所捕猎的绝不是小型鱼类。据科学家推测，似鳄龙应该也很善于游泳。它们的背部长有类似驼峰一样的帆状物，由脊椎所延伸出的尖刺所支撑。

似鳄龙属于棘龙类，棘龙类是一群独特的兽脚类恐龙，它们的头部状似鳄鱼，以鱼类为食，其冠名来源棘龙是有史以来最大的肉食性动物。它们的身长可达14米，体重至少有10吨。体形比霸王龙要大得多。棘龙也有背帆，且高达2米，比似鳄龙的背帆要壮观得多。

恐爪龙

DEINONYCHUS

属名含义：恐怖的爪子　**模式种：**平衡恐爪龙

生活年代：白垩纪早期，距今1.1亿年　**分布地区：**美国

身长：3米　**体重：**90千克

你不妨想象一下，一只不能飞的巨鹰，个头和人差不多，身后拖着一条长长的尾巴，翅膀上长着爪子，嘴里有70颗锯齿状的牙齿，后脚上各有一只又大又弯的匕首状趾爪。这就是恐爪龙。

恐爪龙是一个聪明而灵活的狩猎者，可以捕获比自己大出很多的猎物，科学家推测，它们会像今天的狼一样，成群地进行围猎。它们后脚的可怕趾爪（恐爪龙也因此而得名）可以弯曲180度，用来固定住猎物，同时，恐爪龙会张开强有力的颌骨，进行撕咬和分割。它们在奔跑时，趾爪始终保持蜷缩状态，并不触碰地面，只有在发起进攻时充作武器。

二十世纪六十年代，恐爪龙的发现彻底颠覆了人们对恐龙的看法。在此之前，大多数科学家都认为，恐龙是行动迟缓的冷血怪兽，这些行动敏捷的掠食性恐龙的骨骼化石却讲述了一个完全不同的故事。相比于蜥蜴，它们更容易让人联想到活泼好动的温血动物——鸟类。近些年来，科学家已经意识到，恐龙和鸟类之间的亲缘关系比原先以为的还要亲密。恐爪龙孵化卵蛋，全身覆有羽毛，并且有中空的腿骨。这些特征和今天的鸟类完全一样。

大多数驰龙类都是相对较小的动物（和狗差不多大），早于恐爪龙1500万年前的犹他盗龙却达到了惊人的6米长，体重和一头成年的北极熊差不多。

木他龙
MUTTABURRASAURUS

属名含义：木他布拉的蜥蜴　　**模式种：**兰登氏木他龙

生活年代：白垩纪早期，距今1亿年　　**分布地区：**澳大利亚

身长：8米　**体重：**3吨

　　木他龙生活在澳大利亚，是一种植食性恐龙，最抢眼的是它们的大鼻子。木他龙所属的鸟脚类恐龙，相当于今天的牛和鹿（只不过鸟脚类恐龙的体形更为庞大）。木他龙和其他的鸟脚类恐龙都是群居生活的社会性动物。之后出现的禽龙和鸭嘴龙都是四足行走的，不过木他龙更为原始，所以保持两足行走的姿势。

　　木他龙的鼻子上有一个巨大的突起物，而且完全是中空的结构，相当于一个音箱（有点类似吉他的琴箱），能够放大所发出的声音。不过，科学家至今仍不清楚木他龙的叫声是怎样的——可能是鸣笛般的呼啸声，可能是怒吼般的咆哮声，也可能是别的。总之，它们的声音应该非常响亮！

　　木他龙的近亲之一是禽龙。禽龙最初于1825年，由科学家在英格兰的萨塞克斯郡发现，是最早被命名的恐龙之一（确切说是第二个，第一个是肉食性恐龙巨齿龙），意思是"鬣蜥的牙齿"。起初，人们觉得它们像一只鼻子上长着奇怪角的巨型蜥蜴。在建造出禽龙模型后，科学家发现，禽龙的身体堪比一个小宴会厅一样庞大。经过不断研究，人们才意识到，禽龙和想象中的完全不同，鼻子上的那只角其实是它们拇指上的爪子。

无畏巨龙
DREADNOUGHTUS

属名含义： 无所畏惧　**模式种：** 施氏无畏巨龙

生活年代： 白垩纪晚期，距今8000万年　**分布地区：** 阿根廷

身长：30米 **体重：**40吨

侏罗纪时期，长脖子的植食性蜥脚类恐龙获得了"有史以来最大的陆生动物"这一头衔。然而到了白垩纪，它们的体形进一步变大，庞大得令人吃惊。近些年来，科学家在南美洲发现了大量新的蜥脚类恐龙化石，它们均属于巨龙类（"泰坦蜥蜴"）。一些考古成果表明，其中某些物种的身长可能超过50米，体重达到200吨——和一头蓝鲸差不多。不过由于科学家只能基于单条腿骨或单块脊椎骨进行估算，所以结论并不准确。尽管如此，不可否认的是，这些巨龙类一定是超级的庞然大物，身体笨重到让人难以想象它们该如何移动。

无畏巨龙是巨龙类中最为庞大的一种，按照估算，它们的身长有30米（超过了两辆公交车的长度），体重可达40吨（相当于七头成年大象）。当然这只是保守估计，要说它们的体重能达到60吨，也不是没有可能。无畏巨龙的命名灵感来源于二十世纪初常见的全重型火炮战舰"无畏舰"。无畏舰意味着"无所畏惧"，一头成年的无畏巨龙的确不需要畏惧任何掠食者，不过它们在进食方面必须耗费大量时间。为了摄取足够的营养，无畏巨龙每天都要啃食成吨的植物。

巨龙类形态各异，有些浑身覆盖装甲，有些脖子很短，还有些相对较小——比如马扎尔龙，身长"仅有"8米，体重"仅有"1吨。

蛇发女怪龙
GORGOSAURUS

属名含义： 凶猛的蜥蜴　**模式种：** 平衡蛇发女怪龙

生活年代： 白垩纪晚期，距今7500万年　**分布地区：** 加拿大和美国

身长：9米　**体重：**2.5吨

和其他暴龙类一样，蛇发女怪龙是一种庞大的肉食性动物，有着一根又粗又长的尾巴，以及肌肉发达的后肢。它们的前肢非常短小，每只前爪只有两根手指。蛇发女怪龙最主要的武器是强有力的颌骨，上面长满了圆锥形的锋利牙齿，甚至能够咬碎骨头。科学家曾发现一块香肠状的粪便化石，来自蛇发女怪龙的近亲霸王龙。化石长达64厘米，里面满是细碎的骨渣。蛇发女怪龙主要的狩猎对象是角龙类和鸭嘴龙类。

出生后的头几年，蛇发女怪龙的体形还比较小，但到十岁左右时，它们突然开始迅速增长壮大起来，在很短的时间里就能达到成年的尺寸。科学家推测，蛇发女怪龙的成年群体和幼年群体捕食的猎物不同，成长的环境也不同。这样一来，父母就避免了和子女发生竞争和抢夺。

和暴龙类具有亲缘关系的除了近似鸟类的恐龙外——包括驰龙类、似鸟龙类、窃蛋龙类——当然还包括鸟类。如我们所见，早期的暴龙类浑身覆盖着原始的羽毛，科学家推测，蛇发女怪龙和霸王龙身上或许也存在羽化的部分。

似鸵龙
STRUTHIOMIMUS

属名含义：鸵鸟模仿者　**模式种：**高似鸵龙

生活年代：白垩纪晚期，距今7500万年　**分布地区：**美国

身长：4米　**体重：**150千克

　　似鸵龙名字的意思是"鸵鸟模仿者"。它们和鸵鸟差不多大，并且具有相同的身体结构：两条肌肉发达的长腿，脚上长有三趾，脖子细长，鸵鸟般的小脑袋上长有一双大大的眼睛和一张没有牙齿的喙。它们之间最大的区别在于，似鸵龙的尾巴长而坚硬，能帮助它们很好地保持平衡，两侧翅膀各长有三根指爪。以奔跑速度来说，它们在恐龙中绝对称得上佼佼者。不过具体有多敏捷，我们目前还不得而知。似鸵龙之所以需要快速奔跑，原因之一是它们栖居的环境中，同样生活着许多危险的肉食性动物，包括蛇发女怪龙这样的大型暴龙类，以及驰龙类这样的猛禽。

　　似鸵龙属于一类名叫似鸟龙类（意思是"鸟类模仿者"）的兽脚类恐龙。它们的亲缘物种包括似鸸鹋龙（"鸸鹋模仿者"）、似鹅龙（"鹅模仿者"）和似鸡龙（"鸡模仿者"）。其中绝大多数和似鸵龙一样长有没有牙齿的喙，属于杂食性动物。不过其中一种的喙里长有230颗锋利的小牙齿，让人联想到鹈鹕。科学家在命名时显然受到了惯性思维的影响，所以将其称为似鹈鹕龙（"鹈鹕模仿者"）。

窃蛋龙
OVIRAPTOR

属名含义： 窃蛋的小偷　**模式种：** 嗜角窃蛋龙

生活年代： 白垩纪晚期，距今7500万年　**分布地区：** 蒙古国

身长：2米　**体重：**30千克

　　1924年，科学家发现了一种似鸟恐龙的骨架，以及石化的十五只蛋和巢穴。科学家本以为，它是在偷蛋的时候死掉的，所以将这种小型兽脚类恐龙命名为窃蛋龙，意思是"窃蛋的小偷"。后来，科学家才弄清楚，窃蛋龙根本不是小偷，事实恰恰相反，它就像鸟类那样，正在自己的巢穴里孵化自己的蛋。

　　窃蛋龙全身从头到脚都被羽毛所覆盖，前肢的羽毛较长。它没有牙齿，只有一张类似鹦鹉嘴的喙，头部有一顶中空的骨质头冠。事实上，一些科学家将窃蛋龙视作最原始的鸟类。有时，恐龙和真正的鸟类之间的确很难划清界限。

　　窃蛋龙是杂食性动物，据科学家推测，它们很可能以植物和小型动物为食。当然也会偶尔猎捕其他恐龙的蛋和幼崽。不过要说它们是专门窃蛋的小偷，那绝对是天大的误会。绝大多数的窃蛋龙体形都很小，不过其中至少有一种称得上庞然大物，那就是巨盗龙。目前所发掘出最大的一只身长8米，体重重达2吨。科学家还发现了它们的蛋，个头和西瓜差不多大小。

单爪龙
MONONYKUS

属名含义：单一的爪　**模式种：**鹰嘴单爪龙

生活年代：白垩纪晚期，距今7000万年　**分布地区：**蒙古国

身长：1米　**体重：**5千克

　　单爪龙是一种外形奇特的似鸟恐龙。它们的头部小而狭长，覆满了羽毛，习惯用两条长腿奔跑。最令人困惑的是，它们结实有力的前肢末端各有一只巨大的爪子。其他的手指都已经退化，只留下粗壮的大拇指。科学家推测，单爪龙利用唯一的爪子从树干和蚁穴中挖掘昆虫。它们可能也有一条充满黏液的长舌头，善于舔食昆虫，就像今天的食蚁兽一样。单爪龙有一双大眼睛，表明它们是夜间活跃的动物。

　　单爪龙属于一小类名叫阿瓦拉慈龙类的兽脚类恐龙。所有阿瓦拉慈龙类的前肢都和单爪龙一样，只有一只爪子。它们身形小巧，其中的小驰龙身长只有40厘米，是已知最小的恐龙。不过，如果把现代鸟类也算在内的话，有史以来最小的恐龙应该是蜂鸟！

扇冠大天鹅龙
OLOROTITAN

属名含义：巨大的天鹅　**模式种：**亚尔哈扇冠大天鹅龙

生活年代：白垩纪晚期，距今7000万年　**分布地区：**俄罗斯

身长：8米　**体重：**2吨

扇冠大天鹅龙属于白垩纪最繁盛的恐龙群体之一，鸭嘴龙类。鸭嘴龙类因为其类似鸭子的扁平嘴而得名。

科学家认为，鸭嘴龙类的数量之所以如此庞大，应当归功于它们特殊的牙齿和颌骨结构。鸭嘴龙类是咀嚼食物的专家，这也是植食性动物的一大重要特征。它们的嘴里长有数百颗（有时甚至达到上千颗）紧密排列的小牙，能够有效磨碎食物。人类的牙齿能够用一辈子，不过鸭嘴龙类的牙一两个月就磨损了。旧的牙齿脱落后，新的牙齿很快会长出来。

扇冠大天鹅龙身长8米，在鸭嘴龙类中算是中等体形。相比之下，中国的山东龙则称得上庞然大物，它们的身长至少有16米，体重可达15吨。鸭嘴龙类之间似乎在进行一场最奇特的头冠比赛。扇冠大天鹅龙头上有一顶扇形的冠饰，其他的鸭嘴龙类的冠饰呈独角形、圆形、方形、手套形，或是像副栉龙那样，从脑后伸出一只弯曲长管状的棒状冠饰。科学家推测，这些奇怪的结构或许和木他龙鼻子上中空的突起物一样，能起到增强声音的作用。

肿头龙
PACHYCEPHALOSAURUS

属名含义： 厚脑袋的蜥蜴　**模式种：** 怀俄明肿头龙

生活年代： 白垩纪晚期，距今7000万年　**分布地区：** 北美洲

身长：4.5米　**体重**：450千克

　　肿头龙的属名含义为"厚脑袋的蜥蜴"，这个名字可以说再恰当不过了。一只成年的肿头龙就像一架活的冲车，头部有突起的棘状物，拱形的骨质颅顶可厚达40厘米。和雌性相比，雄性的颅骨更厚一些。就像今天的源羊那样，雄性肿头龙在交配季节里，或许会利用头顶的棘刺相互撞击争夺伴侣。科学家在很多肿头龙的颅骨上都发现这种决斗的痕迹——挤压的凹陷和崩开的裂缝并不罕见。

　　肿头龙生活在白垩纪晚期的北美洲。同一时期的另一亲缘物种有着更为奇特的头骨。它们的头部除了厚厚的颅骨外，还有向四面八方支出的角和棘刺。发现这一物种的科学家认为，这种恐龙看上去仿佛一条巨龙，作为向《哈利·波特》丛书的致敬，科学家将其命名为霍格沃茨龙王龙，意思是"霍格沃茨的龙王"。它们究竟是不是一个新的物种，这一点目前仍无定论。也有一种可能，早期的肿头龙就是霍格沃茨龙王龙。

恐手龙

DEINOCHEIRUS

属名含义： 恐怖的手　**模式种：** 奇异恐手龙

生活年代： 白垩纪晚期，距今7000万年　**分布地区：** 蒙古国

身长：11米　**体重：**6吨

　　1965年，科学家在戈壁沙漠的考古发掘中获得一个惊人的发现。他们找到了一对巨型爪状前肢，长达2.5米——比一个成年男子还要高。这是有史以来人们发现最大的恐龙前肢，看起来似乎属于某种未知掠食性恐龙。但由于没有发现其他遗骸，前肢主人的身份始终是一个谜。科学家将其命名为恐手龙（意思是"恐怖的手"），并围绕其体形和样貌展开了一系列的猜测。

　　直到2014年，科学家才终于找到它们完整的骨架。事实证明，这种恐龙的样子比人们猜测得更为奇特。不妨想象一下鸭子、骆驼、树懒和鸵鸟的混合体，体形和一头大象差不多，这就是恐手龙。

　　恐手龙或许会让人联想到鸭嘴龙类，不过它们其实是一种兽脚类恐龙，并且和似鸟龙类（"鸟类模仿者"）具有亲缘关系。它们体形庞大，依靠两足行走，背部长着驼峰状的奇怪结构，头部又长又窄，有一张鸭嘴般宽宽的喙。科学家猜测，它们巨大的爪子不仅可以用来挖掘，还可以充当防御武器。尽管恐手龙是肉食性恐龙的后代，但它们似乎已经适应了植食性的生活。由于恐手龙生活在沼泽湿地附近，鱼类也成为它们的食物之一。

戟龙
STYRACISAURUS

属名含义： 有尖刺的蜥蜴　**模式种：** 亚伯达戟龙

生活年代： 白垩纪晚期，距今7500万年　**分布地区：** 加拿大

身长： 5.5米　**体重：** 3吨

　　戟龙属于角龙类——一种有角的恐龙。它们让人联想到犀牛——只不过体形更大而已。就像近亲三角龙，戟龙是一种强壮的、四足行走的植食性恐龙，长着造型奇特的颈盾和巨大的鼻角。戟龙虽然没有三角龙额头上的两只大角，颈盾边缘却有几根半米长的尖刺。颈盾和鼻角不仅可以在交配季节中吸引伴侣，还是平时抵御肉食性动物的利器。和其他角龙一样，戟龙也是群居的社会性动物。

　　戟龙是最后一群演化发展的恐龙。白垩纪晚期，恐龙、翼龙、生活在海洋里的巨型爬行动物以及其他很多动物类群相继灭绝。至于究竟发生了什么，学界持有各种不同的理论——火山爆发和气候变化应该是最有可能的原因。不过，造成这场灾难的罪魁祸首应该是一颗撞击地球的巨大小行星，其威力堪比数千枚原子弹。小型鸟类成为唯一幸存下来的恐龙。它们的主龙类近亲鳄鱼也躲过一劫。虽然体形庞大的恐龙从此消失了，地球上却充满了它们的后代。你只需要抬头看看——说不定窗外正好飞过一只长着翅膀的小恐龙呢。

著作权合同登记号 图字 01-2023-1579

Alla tiders dinosaurier
Text and illustrations © Johan Egerkrans
First published by B. Wahlströms Bokförlag, Sweden, in 2017.
Published by agreement with Rabén & Sjögren Agency.

图书在版编目（CIP）数据

其实你每天都会见到恐龙 / （瑞典）约翰·伊格克朗
茨绘著；王梦达译. -- 北京：人民文学出版社，2023
ISBN 978-7-02-018035-6

Ⅰ．①其… Ⅱ．①约… ②王… Ⅲ．①恐龙－儿童读
物 Ⅳ．① Q915.864-49

中国国家版本馆 CIP 数据核字（2023）第 103994 号

责任编辑　李　娜　王雪纯
装帧设计　钱　珺

出版发行　人民文学出版社
社　　址　北京市朝内大街166号
邮政编码　100705

印　　刷　凸版艺彩（东莞）印刷有限公司
经　　销　全国新华书店等

字　　数　30千字
开　　本　889毫米×1194毫米 1/16
印　　张　4.5
版　　次　2023年5月北京第1版
印　　次　2023年5月第1次印刷

书　　号　978-7-02-018035-6
定　　价　79.00元